如何成为动物医生

HOW TO BE A VET

AND OTHER ANIMAL JOBS

[英]杰斯·弗伦奇 文 [阿根廷]索尔·利内罗 图 王旭华 译

乐乐趣

西安出版社

献给我的朋友爪爪——一只姜黄猫。它激发我把照顾动物作为自己毕生追求的事业。

——杰斯·弗伦奇

献给我生命中珍贵的狗狗们——卢纳、洛博、卢卡、佩科斯和庞乔。

——索尔·利内罗

图书在版编目（CIP）数据

如何成为动物医生 / （英）杰斯·弗伦奇文；
（阿根廷）索尔·利内罗图；王旭华译. -- 西安：西安
出版社，2022.11
（我的职业养成指南）
ISBN 978-7-5541-6299-6

Ⅰ. ①如… Ⅱ. ①杰… ②索… ③王… Ⅲ. ①兽医师
—青少年读物 Ⅳ. ①S851.63-49

中国版本图书馆CIP数据核字(2022)第168416号
著作权合同登记号：陕版出图字25-2022-022

How to Be a Vet and Other Animal Jobs
© Text Copyright Jess French 2021
© Illustration Copyright Sol Linero 2021
Copyright licensed by Nosy Crow Ltd.

如何成为动物医生 RUHE CHENGWEI DONGWU YISHENG

[英]杰斯·弗伦奇 文　[阿根廷]索尔·利内罗 图　王旭华 译

图书策划 郑玉涵	**责任编辑** 朱 艳
封面设计 江 欣	**特约编辑** 郭梦玉
美术编辑 江 欣	

出版发行 西安出版社
地址 西安市曲江新区雁南五路1868号影视演艺大厦11层（邮编710061）
印刷 上海中华印刷有限公司
开本 889mm×1194mm 1/15 **印张** 2
字数 67千字
版次 2022年11月第1版
印次 2022年11月第1次印刷
书号 ISBN 978-7-5541-6299-6
定价 58.00元

出品策划 荣信教育文化产业发展股份有限公司
网址 www.lelequ.com　**电话** 400-848-8788
乐乐趣品牌归荣信教育文化产业发展股份有限公司独家拥有
版权所有　翻印必究

目　录

动物医生是做什么的？ ⋯⋯⋯⋯⋯⋯⋯⋯⋯⋯⋯⋯⋯⋯⋯⋯⋯⋯⋯⋯⋯⋯ 2

动物医生是如何帮助动物的？ ⋯⋯⋯⋯⋯⋯⋯⋯⋯⋯⋯⋯⋯⋯⋯⋯⋯ 4

动物医学发展史 ⋯⋯⋯⋯⋯⋯⋯⋯⋯⋯⋯⋯⋯⋯⋯⋯⋯⋯⋯⋯⋯⋯⋯ 6

如何成为一名动物医生？ ⋯⋯⋯⋯⋯⋯⋯⋯⋯⋯⋯⋯⋯⋯⋯⋯⋯⋯⋯ 8

动物医生要学些什么？ ⋯⋯⋯⋯⋯⋯⋯⋯⋯⋯⋯⋯⋯⋯⋯⋯⋯⋯⋯⋯ 10

小型动物医生日常需要做什么？ ⋯⋯⋯⋯⋯⋯⋯⋯⋯⋯⋯⋯⋯⋯⋯ 12

大型动物医生日常需要做什么？ ⋯⋯⋯⋯⋯⋯⋯⋯⋯⋯⋯⋯⋯⋯⋯ 14

哪些医生负责照顾珍稀动物？ ⋯⋯⋯⋯⋯⋯⋯⋯⋯⋯⋯⋯⋯⋯⋯⋯ 16

动物医生的工作地点在哪里？ ⋯⋯⋯⋯⋯⋯⋯⋯⋯⋯⋯⋯⋯⋯⋯⋯ 18

与动物有关的工作还有什么？ ⋯⋯⋯⋯⋯⋯⋯⋯⋯⋯⋯⋯⋯⋯⋯⋯ 20

你喜欢保护他人和动物吗？ ⋯⋯⋯⋯⋯⋯⋯⋯⋯⋯⋯⋯⋯⋯⋯⋯⋯ 22

你喜欢户外工作吗？ ⋯⋯⋯⋯⋯⋯⋯⋯⋯⋯⋯⋯⋯⋯⋯⋯⋯⋯⋯⋯ 24

有哪些与野生动物打交道的工作？ ⋯⋯⋯⋯⋯⋯⋯⋯⋯⋯⋯⋯⋯ 26

还有什么与动物相关的更特别的工作吗？ ⋯⋯⋯⋯⋯⋯⋯⋯⋯ 28

快来加入保护动物的大家庭吧！ ⋯⋯⋯⋯⋯⋯⋯⋯⋯⋯⋯⋯⋯⋯⋯ 30

动物医生是做什么的？

动物与人类一样，有时候也会生病。动物医生，也就是"兽医"，是给动物们治病的医生。他们面对的"患者"是各种各样的动物，从宠物猫、小仓鼠到火烈鸟、大犀牛……

世界各地都有动物医生，有些动物医生在**动物诊所**坐诊，他们就像临床医生一样。当**宠物生病**时，我们就可以带它们去动物诊所看病。

有些动物的**体形太大**，它们不方便到动物诊所就诊，动物医生就要到动物们生活的地方出诊，比如**农场**、**马场**和**动物园**。

动物医生有时也要给**野生动物**看病，为了到达"患者"身边，他们经常要在**恶劣的环境**下长途跋涉。

动物随时都有可能生病，所以动物医生常常会**长时间工作**，有时可能要通宵达旦，甚至连周末、假期都要放弃。

不同类型的动物医生在工作时会用到**各式各样的器具**。下面这些**基础器具**是每位医生都会用到的。

手套

可以避免疾病传播。

检耳镜

用来检查动物的耳朵。

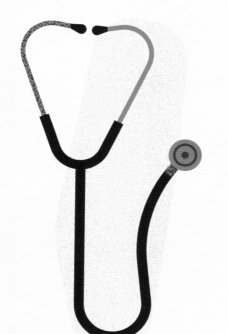

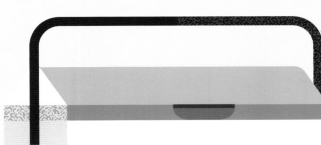

听诊器

主要用于听动物的心音和肺音。

体温计

用来测量动物的体温。

眼底镜

用于检查动物的眼底。

计算器

可以计算动物的用药剂量。

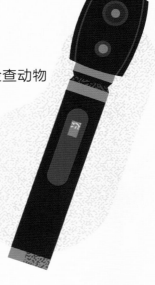

手表

用来测量动物的心率。

这些器具可以辅助动物医生进行诊断治疗。

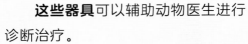

动物医生是如何帮助动物的？

动物医生有点儿像侦探。因为动物不会说话，不能告诉医生它们的感受以及哪里受伤了，所以动物医生的首要任务就是找出动物们哪里不舒服，为什么不舒服。这个过程就是"病情诊断"。

病情诊断有时会很漫长，还要用到各种**检测仪器**。

动物医生还要花时间**与动物主人沟通**，他们通过不断问问题的方法获取与动物病情有关的重要信息。

接下来就是**治病**啦！有些疾病用**药物**治疗，有的则需要**动手术**。

为了**预防动物生病**，动物医生也会做很多工作。比如：**每年**对动物进行**体检**，这样可以提前发现一些疾病；给动物**接种疫苗**，提高动物的免疫力，减少传染病的发生。

通过医用**X光机**和**超声波仪器**，动物医生可以清楚地看到动物身体内部的情况。

你知道吗？
　　显微镜最早也叫作"**跳蚤镜**"，因被人们用来观察小昆虫而得名。

有了**显微镜**的帮助，动物医生可以观察到**细菌**、**细胞**等很小的东西，寻找到更多与病情有关的蛛丝马迹。

有时动物医生也需要对动物的**血液**、**粪便**和**尿液样本**进行化验。

科技在进步，动物医生也要不断地学习新的治疗手段。然而在动物医学发展初期，治疗手段就**原始**得多了……

动物医学发展史

人类驯养动物的历史长达几千年，动物生病了该如何治疗，自古就是人们感兴趣的问题。

有明确记载的第一位动物医生是古文明时期的乌尔卢加勒丁纳，他生活的大概位置就是现在中东地区的美索不达米亚平原。

印度皇帝阿育王在此期间下令修建了世界上第一所动物医院。

法国里昂出现世界上第一所兽医学校，教学内容主要是关于马、羊和牛的诊治方法。

公元前500年—公元前300年

14世纪初

1796年

约公元前3000年

公元前265年—公元前238年

1761年

古希腊医生阿尔克米翁、古希腊哲学家亚里士多德等都曾研究过动物。

这一时期，动物医学的研究重心是马，因为它们既能用于打仗，也是重要的交通工具。蹄铁匠既要制作马掌、钉马掌，还要负责治疗生病的马。

在暴发过几次大型传染病后，世界上第一支疫苗——"牛痘苗"诞生了。

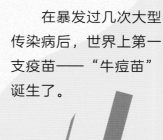

饲养宠物猫、狗变得越来越流行，一些医生开始专门研究怎么治疗小动物。

第二次世界大战期间，有很多宠物被遗弃。英格兰动物医生布斯特·劳埃德·琼斯在自己家中收养了许多被遗弃的宠物。

美国动物医生路易斯·卡穆蒂成为第一个专门给猫看病的医生。

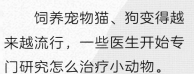

1922年

20世纪60年代

20世纪90年代

20世纪初

1939年—1945年

20世纪80年代

艾琳·卡斯特成为第一位被英国皇家兽医协会授予资格的女性执业兽医。

你知道吗？

　　起初，绝大多数的动物医生都是男性。但是今天，大多数的动物医生都是女性。

药企开始大量生产新型兽用药。

动物诊所在很多城市逐渐普及。送宠物去动物诊所看病取代了医生上门出诊。

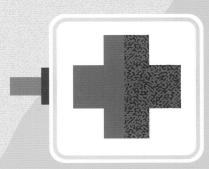

如何成为一名动物医生?

　　成为一名动物医生需要有耐心、爱心，还要有克服困难的恒心。与那些年老的、已经无法被医治的动物道别是非常痛苦的，所以动物医生还要善于管理自己的情绪。幸运的是，动物医生的工作团队通常是友善和充满关爱的，当心情不好的时候，他们可以向周围很多同事倾诉。

　　如果你想成为一名动物医生，那么你一定要很喜爱动物，所以成为动物医生的第一步就是**多和动物们在一起**。有很多可以和动物们亲密接触的方法，比如：

作为志愿者，在附近的**流浪狗收容所**帮忙遛狗。

细心**照顾**你的**宠物**。

在奶牛农场体验亲手**挤奶**。

在附近的马场
体验**给马刷毛**。

在**羊羔出生的季节**
参观绵羊农场。

你知道吗?

大部分动物医生在
学习专业知识之前,至
少要有**10周**与动物在一
起的工作经验。

所以,如果你喜欢动
物,不怕困难,善于表达
和倾听,那么你已经具备
成为一名优秀动物医生的
基本条件了。接下来,就
要开始学习大量的**专业知
识**啦。

动物医生要学些什么？

想成为一名合格的动物医生，要学习很多知识。大学里有专业的课程来教授这些知识。不过，兽医学的专业性非常强，如果你想成为一名动物医生，就要努力学习专业知识。

兽医学专业的核心课程是**化学**、**生物学**和**数学**。化学让学生理解药物作用的原理，生物学让学生了解动物的身体是如何运作的，数学则帮助学生计算动物的给药剂量。

大学低年级的课程内容都是有**关动物的身体是如何运作的**，要学习动物身体涉及的各个生理系统，以及熟知各系统间如何协作以维持动物身体健康。

这些低年级的学生有大量**知识需要记忆**，还要花时间**参加专家讲座**。当然，还有**与活生生的动物互动的实习课**！

你知道吗？

狗的肌肉大体可以分为骨骼肌、心肌和平滑肌三种，每块肌肉都有专门的名字，仅记住这些专有名词，就要花不少时间！

大学高年级的课程更偏重"**临床**"。通过兽医临床医学课，学生可以学习各种**药物**的工作原理，进行外科技术训练，比如给动物止血、给动物缝合伤口等。还要学会用医用X光机和超声波仪器**检查动物体内的情况**。

另外，高年级学生还需要**解剖动物尸体**，认识动物体内各个器官的构造；也需要学习如何与**动物主人友好、有效交流的沟通技巧**。

在经过漫长的学习之后，你是时候决定想要成为哪种动物的医生了……

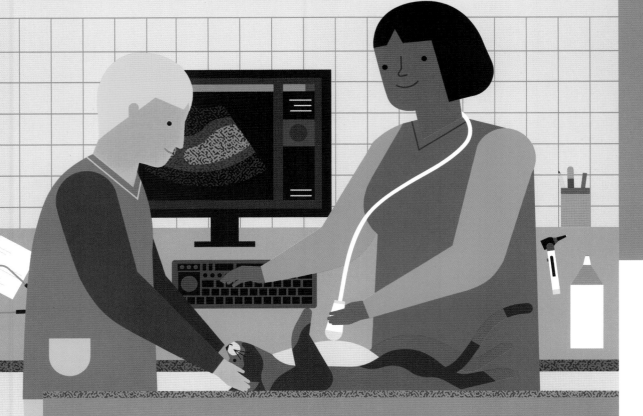

小型动物医生日常需要做什么？

小型动物医生主要是给狗、猫、豚鼠、仓鼠、鸟雀等宠物看病的。他们要善于和宠物主人沟通，安抚他们紧张或者担忧的情绪。

在等待医生给宠物看病的时候，主人可以带着他们的宠物在**前台**或**候诊区**等候。

养宠物是一个很重要的决定。有时，人们会**咨询动物医生**，什么动物最适合他们的**家庭环境**。在把宠物带回家之前，宠物主人都要先带它去看动物医生。

对于那些第一次来宠物医院的宠物，医生会在**问诊室**对宠物进行一次**全面检查**。有时医生还会在宠物皮肤下植入一枚**电子定位芯片**，防止它们走丢。

动物医生还会给宠物**接种常规的疫苗**，预防一些传染病。他们还会为宠物称重，以记录它们的发育情况。

如果宠物身上有跳蚤或蠕虫等需要用药物治疗的**寄生虫**，宠物主人可以在**药房**给自己的宠物取药。

如果宠物需要手术，它们会先被带到**准备室**里进行**术前准备**，然后才能进入**手术室**。

有的小动物外科还设有**实验室**、**X光室**等重要区域。医生和护士会在实验室对采集的样本进行分析，也会在X光室给宠物的骨骼拍照。

有时，宠物在接受治疗期间不能到处活动，只能待在"**临时病房**"里。

你知道吗？
人们养猫的历史已经有10 000多年了。

无论宠物是**生病**还是**受伤**，是要**修剪指甲**还是要**接种疫苗**，都离不开动物医生的帮助，所以动物医生通常对来看病的宠物及其主人都非常了解。

大型动物医生日常需要做什么？

　　大型动物医生主要分为两类：一类是家畜动物医生，主要给绵羊、山羊、猪、牛等看病；另一类是马科动物医生，主要给马和驴看病。大型动物医生通常需要出诊，到动物生活的地方给它们看病。他们风雨无阻，不怕脏不怕累。

　　大型动物医生要**做很多工作**，从检查奶牛是否怀孕、接生小牛，到检查马的脚掌和牙齿等。

他们会随车携带许多**重要的器具**。

水桶用来做术前清理。

便携式X光机用来给动物的骨骼拍照。

手术套件可以把马厩或野外改造成临时手术室。

蹄钩用来清理马蹄。

牙用锉用来打磨马的牙齿。

头灯用来在暗处照明。

笼头可以控制奶牛、马和驴的头部运动。

防水服既可以保暖也可以防水。

长手套用来给动物身体内部做检查。

笔和纸用来记录动物的健康情况。

助产器用来给母牛接生。

防水靴在泥泞的农场里是非常必要的装备之一。

注射器用来注射药物。

胃管可以将药物输送到动物的胃中。

药物用来治疗各种常见病。

绷带可以固定和保护伤口。

绳子可以在接生时拉出小牛犊或小马驹。

15

哪些医生负责照顾珍稀动物？

特种动物医生专门同珍禽异兽打交道，比如被人们当成宠物养的乌龟、蜥蜴、海马、蛇等。这些动物的生存条件都很特殊。特种动物医生会花大量的精力来指导宠物主人，怎样为这些珍稀动物提供健康的生活环境。

海马

乌龟

蜥蜴

蛇

刺猬

蝾螈（róng yuán）

动物园兽医的工作对象是**野生动物保护区和动物园内的动物**，从大猩猩、狮子到竹节虫、狼蛛。有些动物园不仅有专职兽医，还有配套的药房和手术室；有些动物园则是请外面的兽医来出诊。

动物园兽医需要了解各种各样的动物的习性，要不断地学习。有些动物很**危险**，不能近距离接触，在诊治前必须对其进行**全身麻醉**或者**用药物催眠**。

动物园兽医日常也有很多工作。

为新入园的动物**做体检**。

给动物**接种疫苗**，预防传染病。

给即将离园的动物**验血**、**用药**。

有时候动物园里有动物死亡，还要进行"**尸检**"。虽然这是个令人伤心的工作，但对了解动物的死亡原因非常有帮助。

收集粪便样本是一种不用接触动物就能检验动物健康状况的好方法。

你知道吗？

动物园兽医会在动物的食物中添加不同颜色的食用色素，来观察它们的粪便有无异常。

动物医生的工作地点在哪里？

如果动物的病情很复杂或很严重，它们可能会被送往专科医院。那里的动物医生通常都是治疗某种特定疾病的专家。

整形外科兽医可以给动物修复损坏的骨骼。

蛇身体内的脊椎骨数量远超其他脊椎动物。

心血管兽医是治疗心脏和血管疾病的专家。

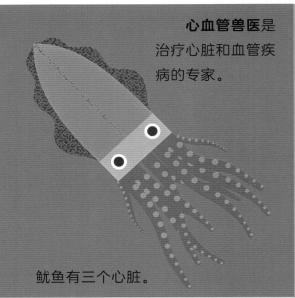

鱿鱼有三个心脏。

眼科兽医专门治疗眼部疾病。

婴猴有一双大眼睛，可以在黑暗中看清东西。

皮肤科兽医专门解决皮肤方面的问题。

青蛙可以通过皮肤呼吸。

神经科兽医是大脑和神经系统方面的专家。

宽吻海豚的脑容量比人类的还大。

牙科兽医专门为动物看牙。

海象的牙可以长到1米长。

有些动物医生专门给**特定种类**的动物看病。

家禽兽医给家养禽类看病。

鸟类兽医主要给鸟类看病。

驼类兽医主要给羊驼和骆驼看病。

有的动物医生在**影视基地**工作，他们要确保"动物演员"得到善待、保持健康。

有时候，动物医生还要做一些让人感到压抑的工作，比如前往**屠宰场**，那里有很多动物被屠宰以供人们食用。动物医生要去检查动物在被宰杀之前是否得到良好的对待，以及人们食用这些动物的肉是否足够安全。

生产**宠物食品的厂商**也会聘用动物医生来确保产品中配料的安全、健康。

在政府部门工作的动物医生可以参与制定和完善法律法规来保护动物。

有的动物医生在**实验室工作**，研究可以拯救动物生命的药物和治疗动物疾病的方法。

我们也需要一些经验丰富的动物医生当**老师**，专门**培养年轻人**成为未来的动物医生。

你知道吗？

军队也会招聘动物医生来照料军犬和军马，这些动物医生不仅要掌握动物医学专业知识，还要和士兵一样参加日常训练。

无论动物医生在哪里工作，他们都需要一些重要的**帮手**……

与动物有关的工作还有什么?

动物医生还需要和其他不同职业的人一起完成工作。这些人都要做些什么呢?

动物美容师主要负责给动物做清洁和美容。有时他们也会发现动物患病的征兆,比如耳朵上出现斑点,或者趾甲开裂等。这时他们就会建议动物主人带动物去看医生。

你知道吗?

在古埃及,马掌是用动物皮制成的。但如今,马掌都用金属来制作。

动物行为分析师主要是通过动物的行为研究动物的心理和情绪。如果一只动物行为反常,动物行为分析师就要开始工作了。

蹄铁匠是钉马掌的专家,他们会为马定制合适的"鞋子"。

动物护士是经过专业训练的医疗团队成员，可以给动物打针、采血、包扎伤口，还可以协助医生进行术前准备及在手术中提供帮助等。更重要的是，他们非常擅长安抚和照顾动物。

动物医生还需要**实验室检验员**来帮他们检测并分析动物血液、尿液和粪便样本，以找出治疗"患者"的有效方法。

动物理疗师与动物医生一起帮助行动不便的动物。他们的目标是使生病的动物在运动时减轻疼痛，如帮助有健康问题的小狗在水下跑步机上跑步，给腿部受伤的马做按摩等。

你喜欢保护他人和动物吗？

警方会训练警犬和警马来帮助破案，维护治安。

训练和管理警犬的专业技术人员是**警犬训导员**，照顾警马的人是**骑警**。

有些狗会接受专门的训练，成为导盲犬、药品检测犬、缉毒犬或治疗犬。**动物训练师**负责教会它们符合需求的特殊技能。

动物保护调查员会调查虐待动物的事件，营救那些正遭受虐待的动物。

有时受伤的野生动物在回归大自然前也需要特殊照料。**野生动物康复师**精心护理这些动物，使它们能够健康安全地返回大自然。

动物收容所为那些走失或被遗弃的动物提供临时住所。**动物护理师**给予动物爱和关注，给它们洗澡、喂食，带它们做运动和游戏。

当宠物主人没有时间照顾宠物的时候，**宠物托管师**就可以帮忙照顾这些宠物。

你喜欢户外工作吗?

成为一名农场主不仅是一份工作,也是一种生活方式。
农场主靠经营农场为生,日日夜夜照料农场里的动物。

农场主经常**雇用专人**来饲养动物,比如
请牧羊人照顾绵羊,请挤奶工来挤牛奶。

马夫负责喂养马匹、清理马粪、
梳理马毛、照料马厩中的小马。

养蜂人饲养的蜜蜂不
仅可以产出蜂蜜,还可以
帮助农作物授粉。

动物园里通常也会有很多**志愿者**来帮忙。

动物管理员负责照看住在动物园或野生动物保护区里的动物。他们通常都有擅长的专业领域，比如管理水族馆或者爬行动物馆。

赛马骑师是赛马比赛中的骑手，他们通常身材瘦小。

练马师为了保持赛马的身体健康，会在非比赛期间训练赛马。练马师的体形一般比赛马骑师的高大魁梧。

骑术导师教人们骑马技巧。

驯马师会训练马匹，让它们服从骑手的指令。

有哪些与野生动物打交道的工作？

如果你喜欢带着双筒望远镜和笔记本徒步旅行，那么你或许会喜欢下面这些与野生动物打交道的工作。

研究野生动物的科学家在野外工作，通过研究野生动物和它们的生活环境，让我们更了解这些动物。

鱼类学家研究鲨鱼、鳐（yáo）等各种鱼类。

鸟类学家专门研究各种鸟。

两栖爬行类动物学家研究两栖动物和爬行动物。

灵长类动物学家研究灵长类动物，比如狐猴、猕猴、大猩猩、黑猩猩等。

昆虫学家研究昆虫。

动物摄影师会花费几个月的时间在野外观察动物，等待拍摄的最佳时机。

动物保护项目专门保护珍稀动物。这类项目需要**动物医生、动物学家**和**志愿者**在保护区照顾动物，帮助动物回归大自然。

自然景观导游可以带游客领略壮美的大自然，向他们介绍生活在野外的动物。

在偷猎盛行的国家，**反偷猎巡警**可以保护动物免遭不法分子的杀害。

自然保护区的管理员和巡护员要去野外巡逻，及时发现捕猎动物等异常情况。

潜水教练会带游客学习休闲潜水，观看生活在水下的奇妙生物。

27

还有什么与动物相关的更特别的工作吗？

如果你喜欢动物和大自然，想将你的热情分享给其他人，那么你还可以当一名**作家**或者**知识主播**。

你可以向公众介绍最新的科学发现，用新颖的方式科普动物知识，介绍新物种。

蛇毒有时也会被提取并制造成人类可使用的药物。经过特训的动物学家可以成为**蛇毒提取师**，他们知道如何在不伤害毒蛇的情况下安全地获取毒液。

动物保护基金会保护濒危物种和它们的栖息地，以及受虐待的宠物等。不过这些活动都需要经费，如果没有足够的资金，这类慈善组织将无法持续运营。**募资人**的艰巨任务就是筹措经费，维持组织的运行。

♡ 捐赠支票

捐赠单位：爱心企业

人民币 （大写）	叁万伍仟元整	亿	千	百	十	万	千	百	十	元	角	分
			¥	3	5	0	0	0	0	0		

接收单位：动物保护基金会

用　　途：购买动物救援设备

驯虫师主要是训练昆虫和蜘蛛的专家。他们为影视行业工作，可以让虫子展示出特定的动作或行为。

病理学家的关注点是疾病的起因。他们会在动物死后观察、分析它们的尸体，从而确定引起动物疾病的原因。他们通常参与研发可以拯救动物生命的新药物。

当动物被圈养时，让它们的生活环境看起来与自然栖息地相似是很重要的。**动物园设计师**的任务就是要让动物园里的动物们能有家的感觉。

快来加入保护动物的大家庭吧！

想要成为一名动物医生，或者了解更多与动物相关的工作，
有许多事情需要做。

你可以与当地的动物保护组织取得联系，也可以加入当地的动物保护社团。

最重要的是，
你不仅要对动物充满爱心，也要对动物的世界充满热情。

一些比较有用的组织、网站及其网址：

世界自然基金会 https://www.wwfchina.org/
国际野生生物保护学会 https://www.wcs.org.cn/
野生动物观察网 https://www.wildlifewatch.org.uk/
爱动物 https://www.aidongwu.net/
中国动物保护网 https://capn-online.info/
中国兽医协会 http://www.cvma.org.cn/